小山的中国地理探险日志

高山丘陵

下卷

蔡峰 —— 编绘

栗河冰 —— 主审

电子工业出版社

Publishing House of Electronics Industry

北京·BEIJING

图书在版编目（CIP）数据

小山的中国地理探险日志. 高山丘陵. 下卷 / 蔡峰编绘. -- 北京 : 电子工业出版社, 2021.8
ISBN 978-7-121-41503-6

Ⅰ. ①小… Ⅱ. ①蔡… Ⅲ. ①自然地理 - 中国 - 青少年读物 Ⅳ. ①P942-49

中国版本图书馆CIP数据核字（2021）第128693号

责任编辑：季　萌
印　　刷：天津市银博印刷集团有限公司
装　　订：天津市银博印刷集团有限公司
出版发行：电子工业出版社
　　　　　北京市海淀区万寿路173信箱　邮编：100036
开　　本：889×1194　1/16　印张：36.25　字数：371.7千字
版　　次：2021年8月第1版
印　　次：2024年11月第8次印刷
定　　价：260.00元（全12册）

　　凡所购买电子工业出版社图书有缺损问题，请向购买书店调换。若书店售缺，请与本社发行
部联系，联系及邮购电话：（010）88254888，88258888。
　　质量投诉请发邮件至zlts@phei.com.cn，盗版侵权举报请发邮件至dbqq@phei.com.cn。
　　本书咨询联系方式：（010）88254161转1860，jimeng@phei.com.cn。

高山丘陵

中国的山脉众多，形成了许多山系，著名的有喜马拉雅山、太行山等，众多高大雄伟的山脉按照不同走向构成了中国地形的"骨架"。丘陵地区往往由于山前地下水与地表水由山地供给而水量丰富，自古就是人类依山傍水，放牧、农耕的重要栖息之地。在这本书中，小山先生将翻山越岭，领略中国名山和丘陵的别致风景。

现在，就跟小山先生一起出发吧！

目 录

贺兰山

　　贺兰山，又名阿拉善山，位于宁夏回族自治区与内蒙古自治区的交界处。山呈东北—西南走向，延伸 200 余千米，东西宽 20 ~ 40 千米，山脊海拔多在 2000 ~ 3000 米。主峰敖包疙瘩 3556 米，是宁夏与内蒙古的最高峰。贺兰山脉是中国西北地区一条重要的自然地理分界线，西北为阿拉善高原和腾格里沙漠，东为银川平原和鄂尔多斯高原。

贺兰山自古为兵家必争之地。中国的各大山中，没有一座像贺兰山那样在历史上几乎一直处于战火纷争中。

贺兰山一度是游牧民族的天堂。匈奴、鲜卑、羌族、突厥、回纥、吐蕃、党项、蒙古等民族曾先后在此居住、放牧。

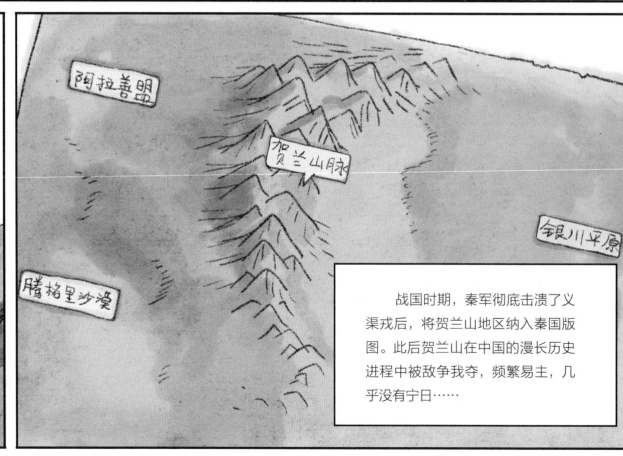

阿拉善盟

贺兰山脉

银川平原

腾格里沙漠

战国时期，秦军彻底击溃了义渠戎后，将贺兰山地区纳入秦国版图。此后贺兰山在中国的漫长历史进程中被敌争我夺，频繁易主，几乎没有宁日……

明朝时，政府在此大规模修筑长城——明长城，并建立了总镇、卫、千户所、屯堡等一套完整而严密的军事防御系统，与瓦剌和鞑靼对抗。

明长城在明朝 200 多年间，经过 20 次大规模修建，西起甘肃嘉峪关，东至辽东虎山，全长 8851.8 千米。

清朝时，蒙古额鲁特、和硕特等部开始在贺兰山西边屯牧，才结束了这里战火纷飞的局面。

🐻 贺兰山的形成

贺兰山形成于1亿多年前的燕山运动时期，喜马拉雅运动时继续升高。地貌上看，贺兰山西侧平缓，东侧陡峭险峻，有大量露出地表的断层，东侧与银川平原垂直落差可达 2000 米。

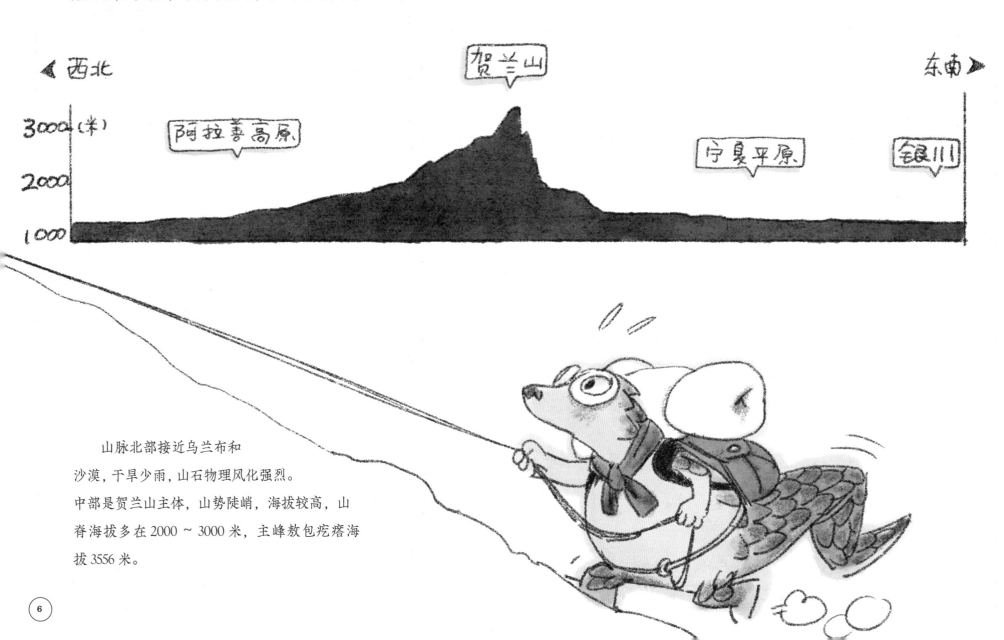

山脉北部接近乌兰布和沙漠，干旱少雨，山石物理风化强烈。中部是贺兰山主体，山势陡峭，海拔较高，山脊海拔多在 2000 ～ 3000 米，主峰敖包疙瘩海拔 3556 米。

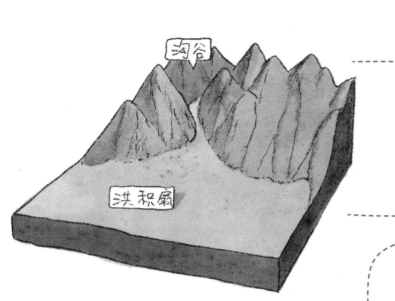

沟谷

洪积扇

贺兰山的山势

贺兰山南部山势相对和缓，有汝其沟、大水沟、小水沟、贺兰沟、插旗沟、苏峪口沟、三关口沟等50多条沟谷，沟道成V形，下部较为宽阔，沟底砾石遍布，沟口一般是碎石遍布的洪积扇。

重要的分界线

贺兰山是中国一条重要的自然地理分界线，对银川平原发展成为"塞北江南"有着显赫功劳。它是中国河流外流区与内流区的分水岭，是季风气候和非季风气候的分界线，也是中国200毫米等降水量线。

丰富的矿藏

在贺兰山深处蕴藏着丰富的地下矿藏。煤炭蕴藏量大，内蒙古和宁夏均建有许多大中型煤矿。中国稀有的铬、镁等金属都在这里有许多储量，铁、磷以及享有较高声誉的宁夏"五宝"之一的贺兰石的储量也很可观。

干旱少雨的贺兰山

贺兰山不但是中国河流外流区与内流区的分水岭，还是中国季风气候区和非季风气候区的分界线。由于被毛乌素、乌兰布和、腾格里三大沙漠包围，湿润的海洋气流很难对贺兰山产生较大影响，而来自西伯利亚的冷空气在贺兰山地区活动频繁，因此山区终年干旱少雨。

丰富的林草资源

贺兰山的林草资源为许多动物提供了食物来源，成就了一座牧山，也成就了山两侧的"中国骆驼之乡"和"中国滩羊之乡"。

大巴山脉·神农顶

　　大巴山脉，简称巴山，是中国西南部的一座山脉，位于四川、陕西、湖北省交界处，是汉水与嘉陵江的分水岭，也是四川盆地和汉中盆地的地理界线。大巴山东西绵延500多千米，是中国国家级自然保护区之一。主峰神农顶海拔3106.2米，为华中第一高峰。

《夜雨寄北》

（唐）李商隐

君问归期未有期，巴山夜雨涨秋池。
何当共剪西窗烛，却话巴山夜雨时。

大巴山脉自西北向东南，包括摩天岭、米仓山和武当山、南宫山等分支，海拔2000～2500米。

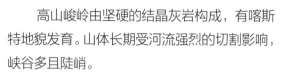

高山峻岭由坚硬的结晶灰岩构成，有喀斯特地貌发育。山体长期受河流强烈的切割影响，峡谷多且陡峭。

🐾 大巴山脉各峰

大巴山脉分三段。东段大神农架位于湖北省西端，主峰神农顶海拔3053米，为华中第一峰。其分支武当山位于湖北省西北隅，主峰天柱峰海拔1612米。荆山在武当山东南，主峰聚龙山海拔1852米。中段的太平山和化龙山，海拔分别为2797米和2917米。西段的米仓山横亘于陕西、四川接壤地带，为汉水与嘉陵江的分水岭，海拔1300～2000米，主峰光雾山海拔2507米。

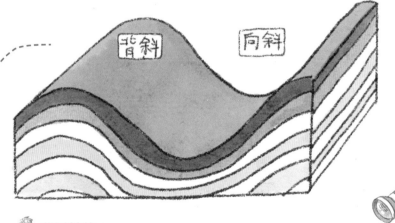

🐾 背斜结构

大巴山在地质上属复背斜结构。轴部多为结晶石灰岩所构成的高山峻岭，两翼石灰岩面积广大，喀斯特地貌发育，有许多大型的溶蚀洼地、溶洞、漏斗及岩溶泉等，多沿结构线发育。

🐾 蜀道之难，难于上青天

由于构造褶皱紧密，断层发育，加之谷坡陡峻，崩塌、滑坡等重力地貌现象较为突出，这里山体崎岖，交通不便，自古便有"蜀道之难，难于上青天"之称。

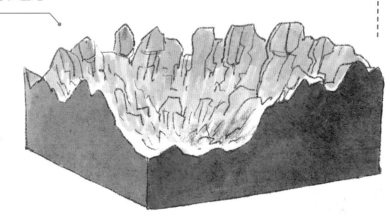

溶蚀洼地

神农顶面积约 2 平方千米，为金字塔形山峰。海拔 3106.2 米，峥嵘磅礴，破天遏云，傲立华中，享有"华中第一峰"的美誉。

漫天飞雪、滂沱暴雨、沉沉云雾织就了一块厚厚的面纱，将峰顶装扮得格外神秘。

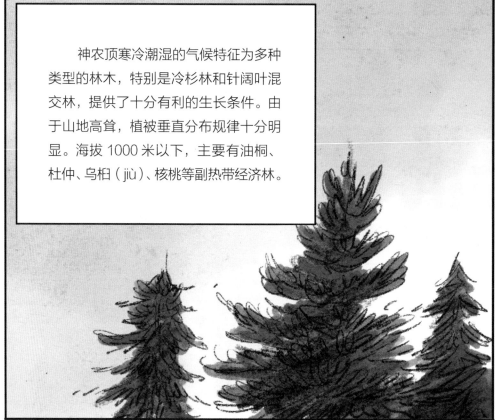

神农顶寒冷潮湿的气候特征为多种类型的林木，特别是冷杉林和针阔叶混交林，提供了十分有利的生长条件。由于山地高耸，植被垂直分布规律十分明显。海拔 1000 米以下，主要有油桐、杜仲、乌桕（jiù）、核桃等副热带经济林。

丰富的野生动物资源

　　神农架还有丰富的野生动物资源，达 500 余种之多，其中列入国家保护的珍稀动物有 20 余种。哺乳动物中，既有苏门羚、獐、麝、麂、毛冠猴、大灵猫、小灵猫、花面狸、云豹、金猫、鼬獾、豪猪等，又有狍子、中华鼢鼠等。

大灵猫

獐

苏门羚

豪猪

太行山

太行山又名五行山、王母山、女娲山，是中国东部地区的重要山脉和地理分界线。它跨越北京、河北、山西、河南四省市。北起北京西山，南达豫北黄河北岸，西接山西高原，东临华北平原，绵延400余千米，为山西东部、东南部与河北、河南两省的天然界山。其支脉五台山海拔高度居华北群山之冠，素有"华北屋脊"之称。

太行山脉是中国地形第二阶梯的东缘，黄土高原的东部界线。位于河北平原和山西高原之间，海拔 1500~2000 米，走向为从东北向西南，北高南低。山脊东侧从华北平原拔地而起，常见高 1000 米的断层岩壁，气势宏伟。西侧由于和高原接壤，山坡缓平。

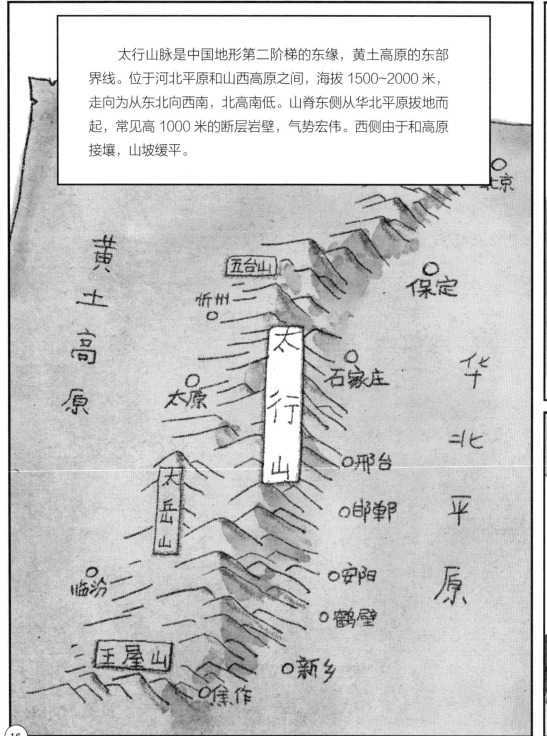

其地质基底是复式单斜褶皱。东侧为断层构造，相对高差达 1500~2000 米，山前发育有典型的洪积扇及冲洪积平原。

6 亿年前，太行山地区还是一片汪洋。大约在 6000 万年前中生代晚期的燕山运动中，太行山脉逐渐隆起，纵贯河北、河南和山西省之间，成为黄土高原和华北平原的天然分界线。

太行山自南而北有沁河、丹河、漳河、滹沱河、沙河、唐河、桑干河等数条穿越太行山而出的河谷。由于这些河谷不利于人马通行，因此古人便利用各种山脊的隘口穿越太行山，其中最为著名的要属"太行八陉"。

"太行八陉"是在长达千余里的太行山脉之间自然形成的8个峡谷，它们不仅是古代的军事要道，也是商贸往来的重要交通线路。

"太行八陉"由北向南依次是军都陉、蒲阴陉、飞狐陉、井陉、滏口陉、白陉、太行陉、轵关陉。历史上对太行八陉的排序，是把最南边的轵关陉作为第一陉，依次向北，最北边的军都陉为第八陉。

四大佛教名山之首

位于太行山系北端的五台山是中国四大佛教名山之首，世界佛教五大圣地之一，也被称为"金五台"。

五台山有哪五台？

五台山由一系列山峰群组成，最高海拔约3061米。五座山峰分别为：东台望海峰、南台锦绣峰、中台翠岩峰、西台挂月峰、北台叶斗峰。五座山峰环抱整片区域，顶无林木而平坦宽阔，犹如叠土之台，故而得名。

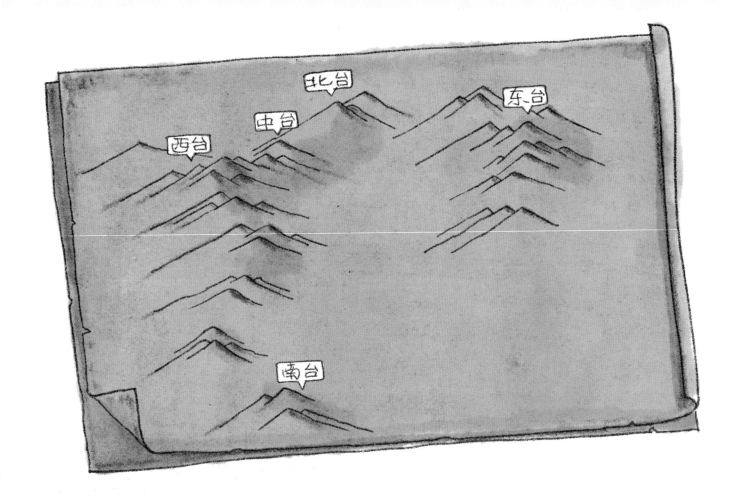

🐾 古老的五台山

　　五台山地层完整丰富，地质古老，地貌奇特。其地处华北大陆的腹地，与恒山—太行山连续，相对高差达2400多米。大面积露出的地壳不同层次的岩层展示出中国大陆基底的地质构造和地质组成，是由大于25亿年的世界已知古老地层构成的最高山脉。

🐾 奇特的地貌

　　在漫长的地球演进中，五台山经过了"铁堡运动""台怀运动""五台运动""燕山运动"，形成了以"五台群"绿色片岩及"豆村板岩"构成的"五台隆起"，具有高亢夷平的古夷平面、十分发育的冰川地貌、独特的高山草甸景观，更有第四纪冰川及巨大剥蚀力量造成的"龙磐石""冻胀丘"等冰缘地貌的奇观。

长白山·白云峰

　　长白山也称太白山，是位于中国和朝鲜边境的界山。广义的长白山是指西南—东北走向、绵延上千千米的一系列山脉，横亘于中国吉林、辽宁、黑龙江三省的东部及朝鲜两江道交界处。狭义上的长白山则单指其主峰长白山，是一座休眠的活火山，在清朝时曾多次喷发。长白山天池是休眠火山的火山口积水而成的湖泊。

长白山脉是欧亚大陆东缘的最高山系，由多列东北—西南向平行褶皱断层山脉和盆地、谷地组成。最西列为吉林省境内的大黑山和向北延至黑龙江省境内的大青山。中列北起张广才岭，至吉林省境内分为两支：西支老爷岭、吉林哈达岭，东支威虎岭、龙岗山脉，向南延伸至千山山脉。东列为完达山、老爷岭和长白山主脉。

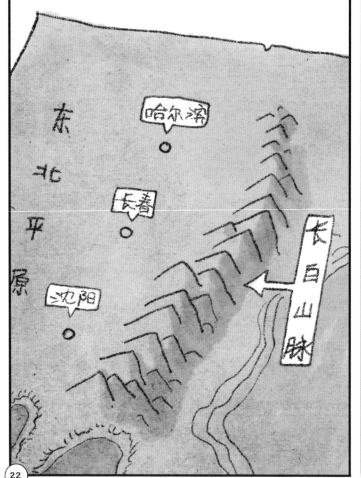

长白山是鸭绿江、松花江和图们江的发源地，其中松花江发源于长白山天池。长白山最早见于中国 4000 多年前的文字记载中，《山海经》里称"不咸山"，北魏称"徒太山"，唐朝称"太白山"，金代始称"长白山"。

实际上，长白山是一座休眠的巨型复式火山，环形火山口相当宽阔，山体相对高度1600米左右，山体宽度则达十几千米。火山口当中为天池，是松花江的源头。

在历史上，长白山属于火山活动较为激烈的区域，早期喷发约在距今200～300万年的第四纪，形成了以长白山天池为主要通道的火山锥。而后又在1597年、1668年和1702年发生了3次喷发，形成了典型的火山地貌类型——玄武岩台地、倾斜玄武岩高原、火山锥体以及河谷等。

在火山岩中常见夹杂的木炭，有的地方还发现有被火山岩埋过的粗大红松。这些证据说明，长白山在喷发前后及间歇期间都曾有过茂密的森林。

长白山的最高峰

在长白山火山口四周有 16 座海拔 2500 米以上的山峰，它们是由火山喷发物堆积而成的环状山岭，人称"长白十六峰"。其中的最高峰在朝鲜界内，名为"将军峰"，又名"白头峰"，海拔 2750 米，是长白山脉的最高峰。

在中国一侧最高的则是"白云峰"，位于长白山天池西侧，海拔 2691 米，为中国东北第一高峰。

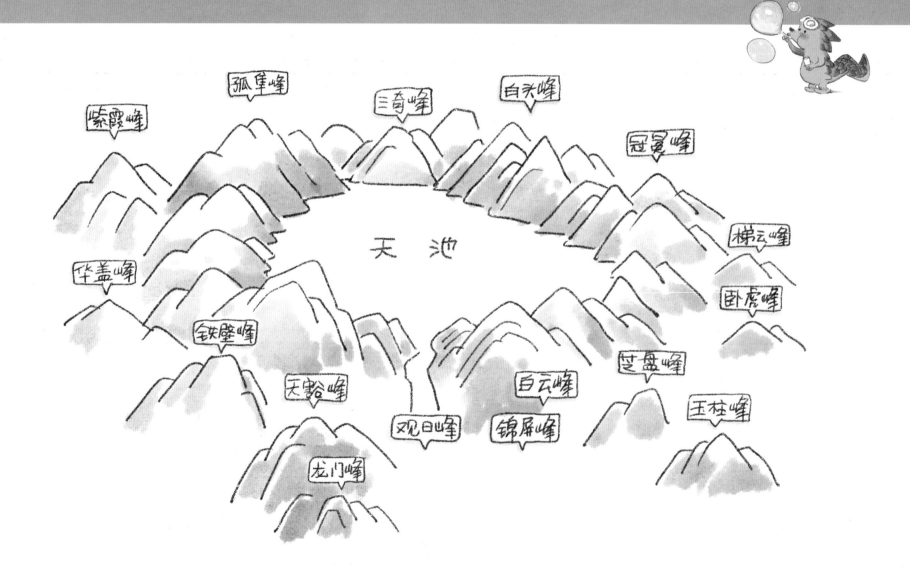

白云峰终日隐匿在缭绕的云雾之中，似
白纱遮面，朦朦胧胧，奇妙非常。

中国的丘陵

　　丘陵是指连续不断出现的高度小于山的隆起地貌，海拔高度一般在 200 ～ 500 米。独立存在的叫丘，群丘相连叫丘陵。丘陵一般分布在山地和平原的过渡地带。东南丘陵、辽东丘陵、山东丘陵，是我国面积最大、分布最广的丘陵，被统称为"三大丘陵"。其次还有川中丘陵、黄土丘陵、江淮丘陵等。中国的丘陵约有 100 万平方千米，占全国总面积的 10%。

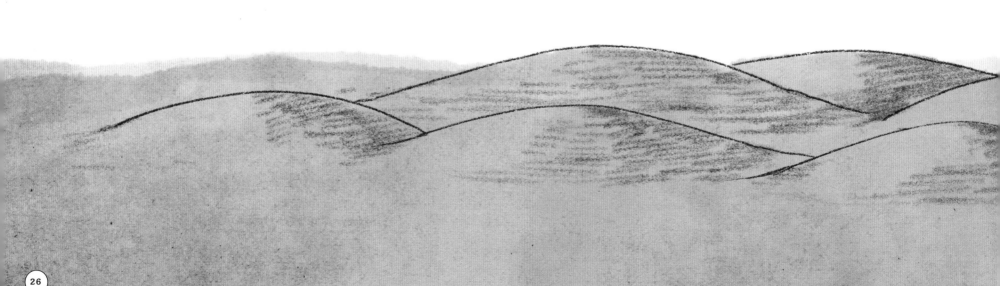

走咯!

东南丘陵，是指分布在中国东南部一带，北至长江，南至南海，西至云贵高原的大片低山和丘陵。东南丘陵包含江南丘陵、两广丘陵、浙闽丘陵等。

东南丘陵的海拔多在200~500米，多呈东北—西南走向，以低山丘陵为主，山脉盆谷交错分布。主要山岳有黄山、九华山、衡山、丹霞山、武夷山、井冈山等。

虽然以海拔500米左右的低山丘陵为主，但海拔达到千米以上的高山也有不少，耸立在丘陵之上，葱笼峻拔，气势巍峨。

较为有代表性的有湖南西部的武陵山、雪峰山，广西的大瑶山、大明山，湖南、江西交界的罗霄山，福建的戴云山，闽赣边境的武夷山，浙江西部的天目山，皖南的黄山等。

东南丘陵山间盆地和河谷平原多辟为农田，耕作制度可采用麦稻稻、油稻稻、肥稻稻等一年三熟，是中国重要的粮油产区。

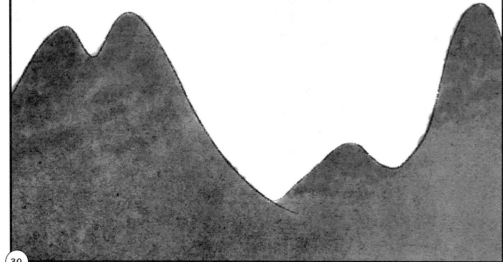

江南丘陵区域的平均海拔为 500 ~ 1000 米，高峰可超过 1500 米，主要山岳有雪峰山、九华山、黄山等。盆地主要由红色砂页岩或石灰岩组成，海拔 100 ~ 400 米。面积较大的有湘潭盆地、衡阳—攸县盆地等。

浙闽丘陵位于武夷山、仙霞岭、会稽山一线以东的东南沿海，地形上山岭连绵，丘陵广布，海岸曲折，岛屿众多，平原和山间盆地狭小而分散。

此区域依山濒海，气候受海洋影响较深，降水量充足，作物一年二熟至三熟。植被属亚热带常绿阔叶林，是我国南方的主要林区之一。

两广丘陵，是广西和广东大部分低山和丘陵的总称。东部多系花岗岩丘陵，外形浑圆、沟谷纵横，地表切割得十分破碎；西部主要是石灰岩丘陵，峰林广布，地形崎岖。

主要山脉有十万大山、云开大山、莲花山等。丘陵海拔多在 200～400 米，只有少数山峰超过 1000 米。此区域属南亚热带大陆性季风气候，台风和暴雨频繁。植被为季风常绿阔叶林，土壤为赤红壤，盛产荔枝、龙眼、橄榄、香蕉等水果。

辽东丘陵

　　辽东丘陵位于辽宁省东南部，西临渤海，东靠黄海，南面隔渤海海峡与山东半岛遥遥相望，仅西北和北部以营口、鞍山、抚顺、宽甸至鸭绿江江边一线与辽河平原和长白山地相连，成半岛状，也称辽东半岛，面积约 3.35 万平方千米。

辽东丘陵属于低山丘陵，以辽河入海口和鸭绿江入海口的连线为界，以南地区为今称为辽东半岛的范围。大体上包括大连市、营口市、鞍山市、丹东市、辽阳市的部分地区。

辽东半岛是中国第二大半岛，整个半岛呈东北—西南走向，从北部的本溪连山关至南端的老铁山角，长达340千米，北宽150千米，面积2.94万平方千米，向南渐窄，南端为大连港。千山山脉从南至北横贯整个辽东半岛，最高点高于1000米。半岛沿海地带是平原，海中有很多岛屿，著名的有小龙岛、长山群岛等。

半岛上河流分布密集，大洋河、英那河、碧流河、大沙河等注入黄海，大清河、熊岳河、复州河等注入渤海。这些河流均属独流入海河流，多数流程短、坡度大、水流急、调蓄能力差。大洋河是该地区最大的河流。

地质构造属中朝准地台胶辽台隆北部。千山山脉自东北向西南纵贯半岛，成为地形骨干。濒海10～20千米的地域内为丘陵地带，高程多在300米以下，沿海多孤立的山峰。

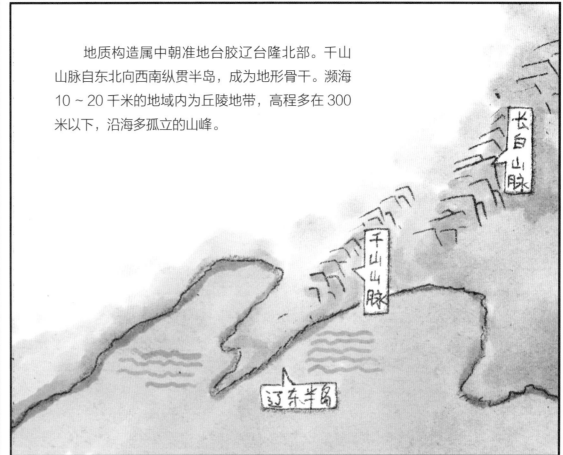

平原狭小，主要分布于西北和东北部海滨。

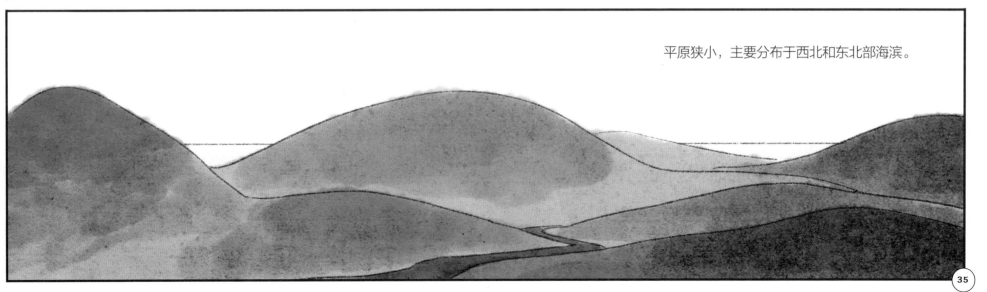

千山山脉即千山，古称积翠山，又名千顶山、千华山和千朵莲花山，位于辽宁省东部，是长白山的支脉，构成辽东半岛地形的主脊。主峰高 708.3 米，因为山峰总数为 999 座，故名千山。

千山山脉呈东北—西南走向，经本溪、辽阳、鞍山、海城、营口、盖州、岫岩、瓦房店、普兰店，止于金州，绵延 200 多千米，有"东北明珠""关东第一名山"之称。

千山山脉主要由片麻岩、花岗岩和石灰岩组成。因长期受到外力作用的侵蚀，大部分地区已经成为波状丘陵地。千山山脉北宽南窄，中高两端低，东南坡较平缓，西北坡稍陡峻。

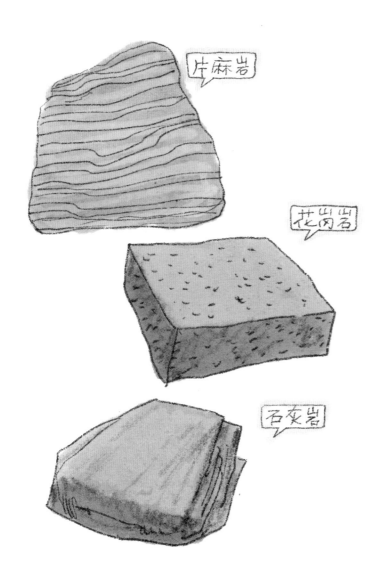

山东丘陵

　　山东丘陵是山东省中部和东部低山丘陵的总称，在地形上分为三部分：鲁中南低山丘陵，海拔在 500 ～ 1000 米；胶东低山丘陵，海拔在 200 ～ 500 米；胶莱谷地又称胶莱平原，海拔在 50 米以下。主要的山岭有泰山、沂蒙山等。

山东丘陵位于黄河以南、京杭运河以东的广义上的山东半岛，面积约占广义半岛面积的 70%，是由古老的结晶岩组成的断块低山丘陵。突兀在丘陵之上的少数山峰，海拔虽然不高，但气势雄伟，主峰泰山玉皇顶海拔1532.7 米。

位于丘陵中部的泰山，是中国五岳之首，也是山东丘陵中最高大的山岳。泰山古名岱山，又称岱宗、天孙、东岳、泰岳。

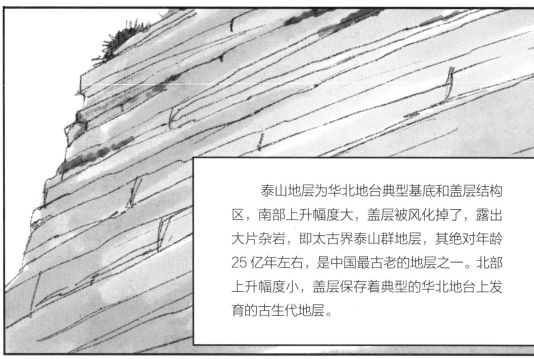

泰山地层为华北地台典型基底和盖层结构区，南部上升幅度大，盖层被风化掉了，露出大片杂岩，即太古界泰山群地层，其绝对年龄25 亿年左右，是中国最古老的地层之一。北部上升幅度小，盖层保存着典型的华北地台上发育的古生代地层。

泰山地貌分为冲洪积台地、剥蚀堆积丘陵、构造剥蚀低山和侵蚀构造中低山四大类型，在空间形象上，由低而高，造成层峦叠嶂、凌空高耸的巍峨之势，形成多种地形群体组合的地貌景观。

泰山的地质构造十分复杂，以断裂为主，其构造特点为断块掀斜抬升。既有前寒武纪形成的构造，又有中新生代发育的构造，其形成经历了一个漫长又复杂的演化过程。

泰山因裂隙构造发育，所以裂隙泉分布极广，有名的泉水数十处，如王母泉、月亮泉、玉液泉、龙泉、玉女池等。泉水甘冽，无色透明，含人体所需的多种微量元素，属优质矿泉水。

五岳之尊

　　泰山被古人视为"直通帝座"的天堂，是被百姓崇拜、帝王告祭的神山，有"泰山安，四海皆安"的说法。自秦始皇开始到清代，先后有13代帝王亲登泰山封禅或祭祀，有24代帝王遣官祭祀。泰山是中华民族的象征，是东方文化的缩影，是"天人合一"思想的寄托之地，是中华民族精神的家园。1987，泰山被列入《世界遗产名录》。

中国地形的三级阶梯

　　中国大陆西高东低，自西向东形成三大阶梯。第一级阶梯是青藏高原，高原面海拔多在4000～5000米，被称为"世界屋脊"。第二级阶梯是青藏高原的北缘与东缘到大兴安岭、太行山、巫山、雪峰山之间，包括若干高原和盆地，高原面海拔多在1000～2000米。第三级阶梯是更东的低山丘陵和大平原，山丘海拔多在千米以下，平原一般不超过200米。

中国地形阶梯示意图

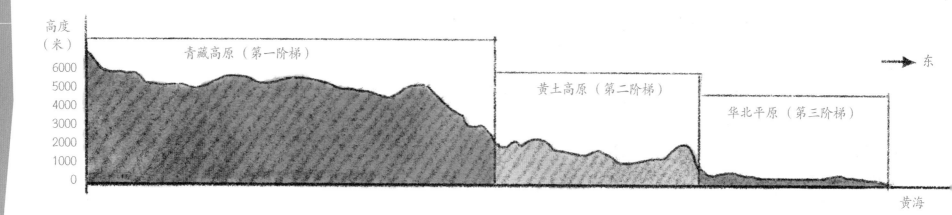

地域宽广的中国

以贺兰山、六盘山、龙门山、哀牢山为界，可将中国分为东西两部分。中国西部，从新疆吐鲁番盆地底部的艾丁湖湖面到中尼边界的珠穆朗玛峰，高差可达 9000 米。

东北、华北、华中、华南是如何分界的？

东西走向的山脉是地理上的重要界线。燕山隔开了东北平原与华北平原；阴山是内蒙古高原的南缘；秦岭是黄河与长江的分水岭；南岭是长江与珠江的分水岭。习惯上所称的东北、华北、华中、华南就是依次以燕山、秦岭、南岭为分界的。

多山之国

世界上海拔 8000 米以上的高峰共 14 座，位于喜马拉雅山脉和喀喇昆仑山脉的中国国境线上和国境内者即达 9 座。世界第 1 高峰——珠穆朗玛峰、第 2 高峰——乔戈里峰、第 3 高峰——干城章嘉峰、第 5 高峰——马卡鲁峰和第 7 高峰——卓奥友峰均位于中国国境线上，第 14 高峰——希夏邦马峰位于中国西藏境内。海拔超过 5000 米的高峰，在喜马拉雅山脉、天山山脉、祁连山脉等山地中数以千计，无论是山峰的高度还是数量，都是其他国家无法比拟的。

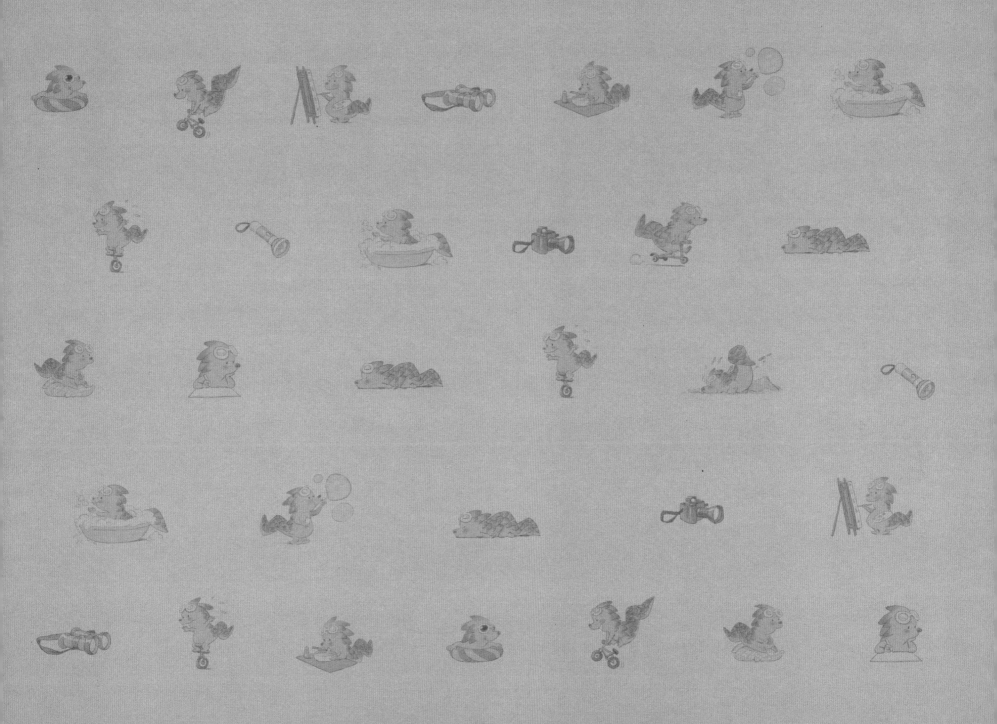